U0192214

WATCH THIS SPACE !

The SOLAR SYSTEM, METEORS and COMETS

你看！外太空

太阳系、流星和彗星

[英] 克莱夫·吉福德 / 著　张春艳 / 译

浙江人民出版社

图书在版编目（CIP）数据

你看！外太空 /（英）克莱夫·吉福德著；张春艳
译 . — 杭州：浙江人民出版社，2022.1
ISBN 978-7-213-10310-0

Ⅰ .①你… Ⅱ .①克… ②张… Ⅲ .①宇宙－普及读
物 Ⅳ .① P159-49

中国版本图书馆 CIP 数据核字 (2021) 第 194777 号

浙 江 省 版 权 局
著 作 权 合 同 登 记 章
图字：11-2020-499 号

First published in 2015 by Wayland, an imprint of Hachette Children's Group,
part of Hodder and Stoughton

目 录 CONTENTS

"邻居"，你好！

　　地球并不孤单。它和其他 7 颗行星、160 多颗卫星以及数不清的小天体共同组成了一个星系，叫作太阳系。太阳系大约形成于 500 亿年前，它非常大，如果一架大型客机以每小时 1000 千米的速度从地球飞向太阳，需要 17 年才能到达。

耀眼之星

　　太阳位于太阳系的中心，是一颗直径约为 139 万千米的恒星。太阳几乎全部由氢气（71%）和氦气（27%）组成，它巨大的身体显得周围的星球非常渺小，太阳拥有太阳系已知的 99% 的物质。

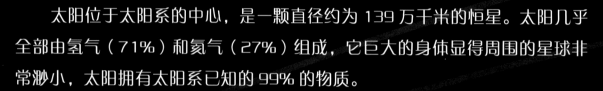

木星

火星

月球

水星

地球

金星

太阳

小行星

130 万个

太阳可以装下 130 万个地球，并且还有多余的空间！

内行星和外行星

　　围绕太阳的 8 颗行星可以被划分为内行星和外行星。内行星有 4 颗，主要由岩石组成。外行星有 4 颗，它们的体积比内行星大许多，主要由气体构成。这两组行星之间，呈带状分布着许多小天体，它们由岩石和金属构成，被称为小行星。

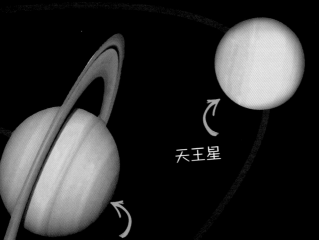

海王星

天王星

土星

海王星是太阳系的边界吗？

　　在海王星轨道外，距离太阳约 50—55 个天文单位，是太阳系中最寒冷的、几乎空无一物的地方，叫作柯伊伯带。在那里有小行星、冥王星和一些其他矮行星。

天文单位

　　太阳系中星体之间的距离非常遥远，因此，科学家采用了特殊的计量单位。一个天文单位（A.U.）为 1.496 亿千米，是地球到太阳的平均距离。水星离太阳只有 0.38 个天文单位，而海王星离太阳有 30.1 个天文单位。

太阳的"巨型熔炉"

　　太阳的中心，像一个巨大的核反应熔炉，不断进行着剧烈的核聚变反应，产生的温度高达 1500 万摄氏度。你无法想象，太阳每秒要消耗掉约 6 亿吨的氢气，将氢原子核融合形成氦原子核。这些核聚变反应会释放出无比巨大的能量。

什么是行星？
什么是卫星？

太阳（恒星）

地球（行星）

月球（卫星）

或许你正处于静止不动的状态，但你所在的行星——地球，正以每小时 107200 千米的速度穿梭在太阳系之中！行星是围绕恒星沿着漫长的线路运动的球形天体。行星运动的线路叫作轨道。卫星也有轨道，但卫星围绕行星（而不是恒星）运动。

你能感觉到引力吗？

引力无法被看见，但却是一股强大的物体之间相互作用的力量。所有物体都有引力，但物体质量越大（所含的物质越多），它的引力就越大。太阳的质量非常大，因此，在它强大的引力作用下，行星沿着轨道围绕它运动。地球围绕太阳运行一圈的时间就是一年。

椭圆轨道

行星在太空中的运行轨迹并非标准的圆形，而是椭圆形。这意味着行星与太阳的距离随着在轨道上位置的变化而变化。在轨道上距离太阳最远的点叫作远日点，距离太阳最近的点叫作近日点。

自转

在轨道上围绕着天体运动的同时，行星和卫星还在进行另一种运动，即绕着自身的轴线自转。它们自转一圈所用的时间被称为一个自转周期或一天。土星的一天不到 11 个小时，而金星自转非常缓慢，它的一天长达 5832 个小时。

神奇的卫星

太阳系中有很多神奇的卫星，它们并非都像地球的卫星——月亮一样。海卫一是海王星最大的卫星，表面有大量的大峡谷和冰火山，这些冰火山喷发出一团团含有甲烷和氮气的气体。木卫二是木星的卫星之一，表面被冰层覆盖，下面很可能是一片巨大的地下海洋。

探测仪勘察木卫二地下海洋的艺术想象图

为什么有的行星有很多卫星？

质量越大的行星，它的引力就越大。这意味着它的引力在太空中延伸得更远，能吸引更多物体。木星和土星是太阳系质量最大的两个行星，各自拥有60多颗卫星，而太阳系质量最小的行星——水星，一个卫星也没有。

146颗

这是太阳系已知的卫星数量。数据来源于美国国家航空航天局（National Aeronautics and Space Administration, NASA）

禁区——木卫一

木卫一是距离木星最近的卫星，也是太阳系中火山活动最活跃的天体。其表面有400多座活火山，释放出的硫磺气团可以高达500千米，喷出的岩浆是地球上所有火山岩浆总量的100多倍。

木卫一上的黑点标记着火山活动的区域

行星地球

地球是已知的唯一适合生命生存的行星，它形成于大约46亿年前。那时太阳还处在"婴儿期"，围绕它进行轨道运动的尘埃、冰和岩石聚集在一起，体积增大，温度升高，形成了一个星球。这个星球冷却后，出现了大气层，生命开始孕育。

重要参数

地球是太阳系的第五大行星，也是四个岩石行星中体积最大的。它的赤道直径为12756千米（赤道是地表上环绕地球中心的假想线）。

地球表面被水覆盖的面积是多少？

地球表面约有70%的面积被水覆盖着，其中97%是咸水。大部分淡水存在于南极和北极的固态冰盖里。

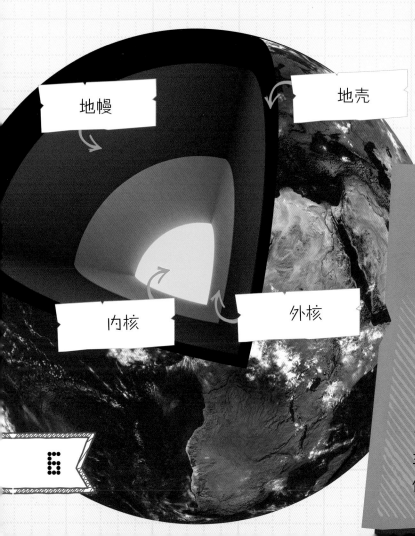

地幔

地壳

内核

外核

地球结构

地球的地核分为内核和外核，内核由固态铁和镍组成，外面被外核包围，外核由液态铁和镍组成。地核外面包裹着厚度为2900千米的岩石层，它叫地幔。这里的物质主要为固态，但具有可塑性。地幔上面一层是薄薄的、脆性的地壳，通常陆地的地壳厚度为30—50千米，但海洋下的地壳厚度仅为5—15千米。

有趣的大气层！

地球的大气层对于生命来说至关重要。它不仅阻挡了来自太空的有害辐射，还让地球保持着温暖。大气层由 77% 的氮气、21% 的氧气、1% 的水蒸气和其他气体，如氩气和二氧化碳等构成。

冰盖

倾斜角

地球与太阳的倾斜角呈 23.5°。正是这个倾斜角让地球有了季节变化。在倾斜向太阳的半球上，太阳光线穿过较薄的大气层，聚集在这部分地表，就形成了夏季。

150 万种

这是目前科学家记录在册的地球上的物种数量。总数量可能超过 800 万。

北半球春天 /
南半球秋天

北半球冬天 /
南半球夏天

北半球夏天 /
南半球冬天

北半球秋天 /
南半球春天

月球及其轨道

在大约 45 亿年前，一个巨大的天体撞击了地球，月球由此诞生。月球主要由岩石构成，表面布满撞击坑。它的运行轨道距离地球的平均距离为 384400 千米，约等于地球赤道长度的 9 倍。

月球的地貌

月球表面布满岩石撞击坑，这些撞击坑是几百万年前陨石和小行星撞击形成的。最大的撞击坑有 400 多千米宽。现在还是有陨石不断撞击月球表面。2013 年，一个直径为 40 厘米的陨石以每小时 9 万千米的速度撞上了月球表面，产生了相当于 4 吨炸药爆炸的威力。

月球有引力吗？

月球的引力仅为地球的六分之一。当地球引力让月球沿着轨道运动时，月球引力也把地球拉向月球。这种引力会造成地表的海水涌起，并伴随着地球自转运动，形成潮汐。

月海和山峰

月海是巨大的岩石平原，它表面覆盖着一层 5—10 米厚的碎石和灰尘。它占据了月球表面大约六分之一的面积。月球表面也有山峰，其中最高的惠更斯山的相对海拔达 5500 千米。

月相

月球围绕地球转一圈的时间是 27.32 天——这也是其自转一周的时间。这种现象被称为"同步自转"，这意味着月球总以同样的一面对着地球。我们从地球上看到的月球被太阳照亮的各种样子，叫作月相，它从弯弯的新月到圆圆的满月，周而复始地变化。一个月相变化周期约为 29 天。

宇航员留下了食品袋、旧毛巾和很多袋尿液。咦！

月球垃圾

月球探测任务遗留下大量的垃圾，包括废弃的月球车、撞毁的航天探测器、一双航天靴和一枝金色橄榄枝（象征着和平）。

脚印的真相

月球上仅有少量空气，没有刮风下雨等自然现象，所以在它表面留下的痕迹不容易消失。这意味着 1969—1972 年阿波罗计划期间，踏上月球的 12 位宇航员的脚印依然存在。

382 千克

这是阿波罗计划期间，宇航员们从月球上搜集并带回地球进行分析的岩石重量。

一对陌生的邻居——水星和金星

水星和金星是离太阳最近的两个行星，它们的英文名都是以古罗马神话中神的名字命名的[*]。它们都没有卫星，但在其他方面千差万别。

（[*] 水星的英文名 Mercury，是罗马神话中的商业神墨丘利的名字；金星的英文名 Venus，是罗马神话中爱和美的女神维纳斯的名字。）

太阳系最"迷你"的行星——水星

水星是太阳系密度最大、体积最小的行星，它的直径只有 4879 千米。由于受到陨石和小行星的撞击和磨损，水星表面有 1000 米高的悬崖和许多环形山。水星几乎没有大气，也就无法形成风雨来侵蚀地表。许多地貌甚至形成于 38 亿年前。

这个水星上的笑脸陨石坑被形象地称为"快乐小陨石坑"，你能看出来吗？

漫长一天，短短一年

水星以每小时 17 万千米的速度绕太阳飞速旋转，公转一周只需约 88 天。但是，太阳引力让水星自转减缓，使水星的一天非常漫长。水星上一昼夜的时间相当于地球上的 176 天。

在太阳系的所有行星中，水星表面温差最大，背阳面可以低至零下 180 摄氏度，而向阳面温度可以高达 430 摄氏度。

地球的姊妹星？

金星是离地球最近的行星"邻居"，它的直径为 12104 千米，比地球的体积略小。为了探索金星的奥秘，人类发射了 20 多个航天探测器，很快就发现，其实它和地球天差地别。金星表面没有液态水，它的大气层很稠密，大气压强是地球大气层的 90 倍。厚厚的云层中，硫酸像雨点般落下。

萨帕斯山

金星的一天是多长？

你可能会觉得很不可思议：金星的一天（约为地球的 243 天）比它的一年（约为地球的 224.7 天）还要长。

4200 万千米

这是地球与金星之间的距离。它是地球最近的"邻居"。

奇怪的金星

金星表面环境恶劣，它有很厚的大气层，富含温室气体二氧化碳，就像一个巨大的毛毯，将热量保留在金星表面。因此，金星表面被高温炙烤，温度高达 464 摄氏度，足以让金属铅熔化。目前，在金星表面已经发现 2000 多座火山。其中，萨帕斯山是一个盾状火山，大约 400 千米宽，相当于伦敦到加的夫的距离。*

（*伦敦和加的夫都是英国的城市。）

红色星球——火星

数千年来，火星让无数人为之着迷。中国人把它叫作"火"星，而古埃及人称之为"红色之星"（Her Desher）。

揭秘火星

火星是与太阳的距离排第四的行星，平均距离为 22790 万千米。火星的直径约为 6780 千米，体积约为地球的一半。它的引力大约是地球引力的 38%，这意味着你在火星上跳起的高度几乎是地球上的 3 倍。

奥林波斯山是整个太阳系最高的山峰，它的海拔是珠穆朗玛峰的 3 倍。

火星为什么是红色的？

火星表面大部分区域覆盖着一层厚厚的富含铁矿物质的泥土。呈现出的红色实际上是形成于几百万年前的锈，"学名"叫氧化铁。

卫星和群山

1877 年，阿萨夫·霍尔（Asaph Hall）发现了火星的两颗卫星，并把它们分别命名为 Phobos（火卫一）和 Deimos（火卫二）。这两个由岩石组成的卫星看起来就像巨型土豆，很可能是被火星重力捕获的小行星。其中比较大的火卫一，直径也只有 26.8 千米。

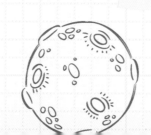

火星探测任务

曾围绕火星飞行或登陆火星表面的航天器超过 45 艘。最早成功登陆火星的是 1976 年的海盗 1 号。从 2011 年开始，好奇号火星车就在火星附近漫游并开展探测活动。

欧洲航天局（European Space Agency，ESA）和 NASA 都计划在 2040 年将人类送到火星。

从地球飞行了 5.63 亿千米之后，模型汽车般大小的好奇号火星车在火星上拍了一张自拍照

火星上有生命吗？

目前人们还没有在火星上发现生命，但有些科学家坚信火星表面曾存在液态水，或许在远古时曾孕育过某种形式的生命。

更雪上加霜的是……

火星的大气层很稀薄，主要由二氧化碳构成。火星上的温度范围在温和的 25 摄氏度到极寒的零下 125 摄氏度之间。在火星的两极，是由冰和二氧化碳组成的冰盖。

4000 千米

这是火星上巨大的水手号峡谷群的长度。如果把它放到地球上，这条宽 200 千米、深 7 千米的峡谷可以横跨整个美国。

"庞然大物"——木星

木星的体积非常巨大，可以装下 1300 个地球，是太阳系最大的行星。木星的质量几乎是其他 7 颗行星质量总和的 2.5 倍。换句话说，它是一个"庞然大物"。

木星的空间方位

木星到太阳的平均距离约为 7.78 亿千米，约等于地球与太阳距离的 5.2 倍。它沿着轨道，以每小时 4.7 万千米的速度围绕太阳运动，运行一圈大约需要 11.86 个地球年。从地球上看，木星是夜空中可见的第三亮的天体，仅次于月亮和金星。

朱诺号在 2016 年抵达了木星，并开展了一系列科学实验，帮助我们了解木星的起源和进化历程

木星有多少颗卫星？

木星的卫星是太阳系八大行星中最多的。目前已知的木星卫星有 79 颗。早在 1610 年，意大利天文学家伽利略·伽利雷（Galileo Galilei）就最先发现了其中 4 个——"木卫一""木卫二""木卫三"和"木卫四"。

强大的压强之下

木星被认为是一个巨大的气态行星，它表面的气体几乎全部由氢气和氦气组成，而且离木星的中心越近，大气越厚，越浓密。深度在 1.4 万千米以下后，巨大的大气压强将气体转换成液态金属。这使木星的磁场范围非常巨大，几乎延伸到土星。

炫目的条纹

市星独特的条纹是由不同地区大气的升降造成的。其中明亮的、上升的条纹叫作"区"，而颜色较暗、下沉的区域叫作"带"。"带"的主要成分是由氢原子、氧原子和碳原子组成的分子；"区"主要是冷冻的氨晶体形成的云团，可以反射太阳光。

区

带

大红斑非常巨大，可以装下 2—3 个地球

快速旋转的球

木星虽然体积巨大，但一点儿都不笨拙。它是太阳系自转速度最快的行星，绕轴自转一周仅需 9 小时 56 分 30 秒。快速的自转使得木星赤道周围鼓起，而南北极则比较扁平。

发现风暴

1665 年，意大利天文学家吉安·卡西尼（Gian Cassini）描绘了木星表面的一个特征，即现在人们所说的大红斑。它被证实是一个巨大的气旋风暴，尺寸长约 2.5 万千米，宽约 1.2 万千米。现在这个气旋风暴依然在木星上怒吼，风速高达每小时 500 千米，地球上的任何飓风都相形见绌。

142984 千米

这是木星直径的长度，约为地球直径的 11 倍。

"指环王"——土星

在太阳系的八大行星中，土星与太阳的距离排第六，也是从地球上肉眼可见的最远的行星。它以拥有土星环和数不尽的卫星而出名。

好一个庞然大物！

土星直径约为 12 万千米，是太阳系第二大行星。土星虽然体积巨大，但却绕轴飞速旋转，土星的一天约为 10 小时 39 分。但它的一年却比地球长得多，它绕行太阳一周需要超过 29 年的时间。

土星有多少卫星呢？

1655 年，荷兰天文学家克里斯蒂安·惠更斯（Christian Huygens）才 26 岁，借助一个自制的望远镜，他成了第一个发现一颗土星卫星的人。他发现的卫星就是土卫六。从土卫六被发现以来，人们又接着发现了 82 颗土星的卫星。

这是一个"气球"

在土星上，你无法像在地球上一样站立。土星表层是由气体构成的——几乎都是氢气，还有少量氦气以及其他微量气体，如氨气和甲烷等。天文学家认为土星的核心可能主要是岩石和冰，核心直径约为 2 万千米。

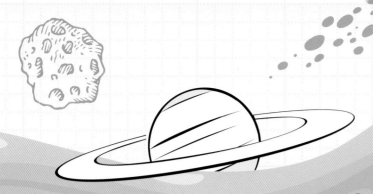

组成土星的大部分物质是质量很小的气体，因此它是太阳系中密度最小的——甚至比水还小。这意味着，理论上，把木星放在一个巨型澡盆里，它将浮在水面上！

零下 140 摄氏度

这是土星表面的正常温度。好冷！

光环之"王"

在太阳系4个带环的行星中，土星环无疑是最大，也是最亮的。这些环状物不是固体圆盘，它们实际上是因引力聚集在一起的冰块、尘埃以及岩石碎块。虽然土星环横跨数千千米，但某些地方，它的厚度仅为1千米左右。

巨大的土卫六

土卫六是土星最大的卫星。它的直径为5150千米，实际上比水星还大。土卫六表面分布有液态甲烷湖泊，浓密的大气层由几种有毒气体组成。

科学家认为，土星环是彗星、小行星或者卫星爆炸的残留物

天王星和海王星

这两个冰态巨行星非常遥远。天王星与太阳的平均距离为 28.7 亿千米，而海王星距离太阳更远，约为 45 亿千米。它们只能接收到非常少的太阳能量，因此，表面异常寒冷！

天王星还是"乔治"星？

1781 年，天文学家威廉·赫舍尔（William Herschel）发现了天王星，他曾试图以乔治三世国王（King George Ⅲ）的名字为它命名，但最后还是以古希腊天神乌拉诺斯（Ouranos）的名字命名。直径为 5118 千米的天王星可装下约 60 个地球，有 13 条暗弱的行星环围绕着它。它的一天约为 17 小时，但沿轨道绕太阳运行一年需要 84 年之久。

为什么天王星总以同一面朝向太阳？

所有行星自转轴线都有一点倾斜角度，但天王星自转轴线倾角为 98°，这意味着天王星始终以一个半球朝向太阳绕太阳运动。很多天文学家相信，曾有一个巨大的天体撞上天王星，导致它如此与众不同的倾斜角度。

42 年

这是天王星北极的夏季时长。天王星与众不同的季节特点缘于它的自转轴倾斜角度。

巨型"沼气池"

海王星与太阳的距离在行星中排第八位，也是距离太阳最远的行星。1612年伽利略首次观察到了它。它直径为49532千米，比天王星略小。因为大气中富含甲烷，所以它看起来呈蓝色。科学家们认为，海王星和天王星都有一个小的岩石核心，尺寸大约为地球大小，核心外包裹着浓密的大气层。

天卫五是天王星27个卫星中最小的。这张由旅行者2号拍摄的图片，显示出它的表面非常凹凸不平

暴风天气

目前为止，旅行者2号是唯一与海王星亲密接触过的航天器。1989年，当它飞驰而过时，距离海王星北极点仅3000千米。它发现了海王星上的一个巨大的风暴区，名为"大黑斑"。风暴区约地球大小，大风以每小时2100千米的速度呼啸肆虐，风速是整个太阳系最快的。

你就别奢望在海王星上过生日了。你可能会感到非常震惊：海王星绕太阳运行一圈，需要164.8年（约6万多天）！

小行星和矮行星

太阳系中围绕太阳运动的并非仅有八大行星。还有其他由岩石、金属和冰层构成的矮行星和小行星。

太阳系的"安全带"

大部分小行星分布在火星和木星之间，形成一个巨大的环状，被称为"主带"。小行星被认为是未能成功合成行星或卫星的残留物。因为大部分小行星直径都小于1千米，只有23个小行星直径超过200千米，所以，主带是一个巨大的、空旷的空间。

150 个

这是目前发现有卫星的小行星个数。科学家认为实际上可能远远不止。

小行星警报

有些小行星距离地球非常近，有可能途经地球公转轨道。这些被称作近地小行星，它们由空间科学研究机构追踪，以防其中任何一个靠近地球造成威胁。2014年，一个直径约为370米的近地小行星HQ124靠向地球，与地球的距离约为地月距离的3.25倍。

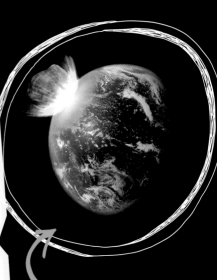

650万年前，一个巨大的小行星撞击了墨西哥尤卡坦半岛。一些人认为这导致了恐龙的灭绝。

古老的冥王星

1930年，克莱德·汤博（Clyde Tombaugh）发现了冥王星。随后的76年间，作为太阳系最小的行星，冥王星拥有至高无上的地位。但2006年，它被降级成了一颗矮行星。冥王星十分遥远，与太阳的距离在44亿至74亿千米之间，绕轨道运行一周需要248年。它的核心大约为地球大小，外面包裹着浓密的大气层。

（艺术想象图）冥王星和其最大的卫星——冥卫一，以及它的两个较小的卫星

矮行星

矮行星不是卫星，因为它们围绕太阳运动，然而，它们也不是行星。它们的质量和大小形成的引力能使它们保持圆形，但又不足以清除轨道上的碎石和冰块。矮行星谷神星位于小行星带，而阅神星和冥王星处于太阳系边缘，在海王星之外。

月球

阅神星

谷神星

地球

冥王星是谁命名的？

威尼夏·伯尼（Venetia Burney）是一位11岁的女学生，她建议以古罗马神话的冥界之神普鲁托（Pluto）为冥王星命名。她的祖父将这个想法传递给了他的天文学家朋友们，然后，这个建议被采纳了！

与地球和月球相比，矮行星的大小

冥卫一

冥王星

流星和陨石

地球随时处在遭受太空"攻击"的危险之中！每天都有大约100吨的太空物质猛冲向我们的地球。流星就存在于这些空间物质碎片中，它可能在地球大气层中燃烧殆尽，或者落到地球表面成为陨石。

岩石和金属

流星体是穿梭在太空中的岩石或金属碎片，被地球引力吸附向地球。它们大部分是小行星的碎片，也有的是彗星、月球或火星的残骸。

在每年12月中旬的双子座流星雨季，每小时可以看到100多颗流星

流星雨

大部分流星体在大气中瞬间便燃烧殆尽。它们叫作流星。有些流星熔化后，在夜空中形成一道亮光，那就是流星。一些流星同时聚集在一起就形成了流星雨。

流星的速度有多快？

进入地球大气层的流星最快速度可达每小时25.92万千米。

多么不可思议！

坠落地球的流星体叫作陨石。某些大型陨石因撞击形成陨石坑。右图中的陨石坑形成于5万年前，位于美国亚利桑那州。50米宽的流星体以超过每小时4.5万千米的速度撞上地面，形成了这个170米深、1.2米宽的撞击坑。

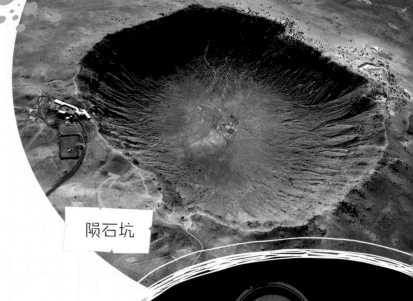

陨石坑

6 万 千 克

这是地球上发现的最重的陨石的重量，它被称为霍巴陨星。

生死邂逅

安·伊丽莎白·霍奇斯（Ann Elizabeth Hodges）是唯一已证实的被陨石击中的人。1954年在美国亚拉巴马州，一颗重4千克的太空岩石穿透她的屋顶，擦伤了她的左手和臀部。

彗 星

彗星是穿梭在太空的大块岩石、尘埃或冰块，它们就像一个个巨大的脏雪球，大小介于几百米至 40 千米之间。彗星来自太阳系的外围。

燃烧殆尽

所有彗星都围绕太阳运行。绝大部分因为距离太远，在地球上看不见。但是，部分彗星可沿轨道靠近内行星。在这里，从太阳发出的能量将彗星加热，使其表面的冰层变成气体，在彗核周围形成一个朦朦胧胧的头部，即彗发。

气体彗尾

尘埃彗尾

长长的尾巴

彗星后面的尾巴，一条由尘埃构成，一条由气体构成。它们在彗核后延伸很长的距离。据测量，百武彗星的尾巴长度约为 5.7 亿千米，这几乎是地球到木星的距离！

1996 年，日本的天文爱好者仅仅使用一副双筒望远镜，就发现了百武彗星。

彗发

1996 年至 1997 年间，在地球上用裸眼就可以观察到海尔-波普彗星。

"多毛星"

在夜空中观测到彗星已经持续了几个世纪，彗星的英文名字"Comet"来源于古希腊语，意思是"多毛星"。其中最著名的是哈雷彗星，它以埃德蒙·哈雷（Edmond Halley）名字命名。哈雷通过计算，成功预言每 76 年哈雷彗星将在夜空中出现一次。

哈雷彗星的图像出现在创作于 11 世纪的贝叶挂毯中

彗星猎手

美国人卡罗琳·舒梅克（Carolyn Shoemaker）51 岁时才开始天文学研究，但她弥补了错过的时间，一共发现了 32 颗彗星和 300 多颗小行星。舒梅克 - 列维 9 号彗星（缩写为 S-L9）是由她与其他研究者共同发现的彗星之一。1994 年，这颗彗星以每小时 20 万千米的速度撞上了木星。

25 万年

这是韦斯特彗星沿轨道运行一圈的预估时间。不用再等了！

1976 年，从地球上可以明显地观察到韦斯特彗星

彗星的轨道有多长？

有些彗星的轨道比较短，运行一周不超过 20 年，这意味着它们是夜空中的定期"访客"。长周期彗星公转一周需要 200 年以上，所以，如果你曾见过它一次，就不可能再见到它了。

系外行星

太阳系并不是宇宙中唯一有行星存在的地方。天文学家一直推测，宇宙中可能有行星围绕太阳以外的恒星公转，但直到 20 世纪 90 年代才得到证实。

大海捞针

在浩瀚的宇宙中寻找系外行星并非易事。这些行星与地球的距离非常遥远，并且往往不如它们围绕的恒星耀眼夺目。星球"猎人"们利用大量的技术来寻找地外行星，包括试图发现恒星上的微弱的光线亮度变化，因为这有可能是行星运行到恒星正前方引起的。

系外行星极限搜寻

开普勒太空望远镜是系外行星的"终极猎人"。自 2009 年发射，到 2018 年退役为止，在它的帮助下，人类发现了 2662 颗系外行星。其中包括开普勒 -16b，它是最早被发现围绕着两颗恒星而非一颗恒星做轨道运动的系外行星。另外一颗系外行星——开普勒 -70b，围绕它的恒星飞速旋转，运行一圈不到 6 小时！

就像科幻电影中的场景一样，在开普勒 -16b 地平线的上方会出现 2 个太阳

特殊的行星

遥远的太空中，还存在一些奇怪的地外行星。其中，GJ 504b 是一颗年轻的呈亮粉色的行星。另一颗行星 HD 209458b 围绕恒星运转一周只需要 3.3 天。在 HD 189733b 这个系外行星上，大风以 5000 千米的时速飞奔咆哮，它富含高浓度二氧化硅，这是制作玻璃的原材料。有些科学家据此推测，这颗行星上可能有玻璃雨落到行星表面。

我们究竟能否发现另一个地球？

天文学家希望有一天能发现一个岩石类天体，有厚厚的富含氧气的大气层和地表水。是不是听起来很熟悉？这类天体的搜寻主要聚焦在我们称为"宜居地带"的地方。在这里，系外行星在合适的距离环绕它的恒星运转，因此能够获得足够的热量使生命生存，又不至于太热。

玻璃和钻石

如果你觉得玻璃雨太疯狂了，那布满钻石的行星是不是更疯狂？系外行星 55 Cancri e 的主要构成元素是碳，科学家们推测，这些碳很可能在巨大的压力下已经变成了钻石。

2200℃

这是系外行星 WASP-12B 的地表温度，这个温度足以让钢融化。

术 语 表

分子：物质的最小单元，包含一个或多个原子。

辐射：像红外线、x射线、可见光一样以波的形式穿行于太空之中的能量。

轨道：一个天体在太空中环绕另一天体运动的路径，通常为椭圆形。

核：天体或原子的中心。

密度：用来描述一个物体在一定空间内含有多少物质。如果某个物体密度非常大，那么表明它在比较小的空间里容纳了非常多的物质。

熔化：由于高温，固体变成液体。

卫星：在太空中，围绕行星运行的单个天体。

物质：客观存在于空间中的实体（如固体、液体或气体）。

亿：一万个一万。

直径：横穿圆形或球体正中心，且两端都在圆周或球面上的线段。

质量：物体所包含的物质的总量。人们在生活中习惯上称之为"重量"。

自转轴：横穿自转的天体中心的一条假想线。

扩展阅读

网站：

https://solarsystem.nasa.gov/planets
太空最新消息和高清图像。

http://science.nationalgeographic.com/science/ space/solar-system
优秀的太阳系指南。

http://www.bbc.co.uk/science/space/solarsystem
关于太阳系及其行星的信息和视频。

图片来源

索 引